Chrispin Yekia Bayolo
Jean Paul Ngbolua Koto-Te-Nyiwa
Ruphin Djolu Djoza

Contribuição para o inventário da biodiversidade do Jardin de Gbadolite

AF670474

Chrispin Yekia Bayolo
Jean Paul Ngbolua Koto-Te-Nyiwa
Ruphin Djolu Djoza

Contribuição para o inventário da biodiversidade do Jardin de Gbadolite

Estado e perspectivas da biodiversidade no Jardim Botânico e Zoológico de Gbadolite (Ubangi do Norte, RD Congo)

ScienciaScripts

Imprint

Any brand names and product names mentioned in this book are subject to trademark, brand or patent protection and are trademarks or registered trademarks of their respective holders. The use of brand names, product names, common names, trade names, product descriptions etc. even without a particular marking in this work is in no way to be construed to mean that such names may be regarded as unrestricted in respect of trademark and brand protection legislation and could thus be used by anyone.

Cover image: www.ingimage.com

This book is a translation from the original published under ISBN 978-620-6-71256-5.

Publisher:
Sciencia Scripts
is a trademark of
Dodo Books Indian Ocean Ltd. and OmniScriptum S.R.L publishing group

120 High Road, East Finchley, London, N2 9ED, United Kingdom
Str. Armeneasca 28/1, office 1, Chisinau MD-2012, Republic of Moldova, Europe
Printed at: see last page
ISBN: 978-620-7-76635-2

Copyright © Chrispin Yekia Bayolo, Jean Paul Ngbolua Koto-Te-Nyiwa, Ruphin Djolu Djoza
Copyright © 2024 Dodo Books Indian Ocean Ltd. and OmniScriptum S.R.L publishing group

EPIGRÁFICO

Uma termiteira agarrada a um arbusto não cai.

"YEKIA BAYOLO Chrispin

DEDICAÇÃO

A vós, querido Papá Apollinaire NDANGA BIKIBO e Mamã la Rose TOLOLI, pelo vosso inestimável apoio e encorajamento. Graças a vós, tornámo-nos no que somos hoje e estaremos sempre muito gratos.

"Chrispin YEKIA BAYOLO

AGRADECIMENTOS

Gostaríamos de expressar os nossos sinceros agradecimentos a todos aqueles que contribuíram de alguma forma para a realização deste trabalho.

Antes de mais, gostaríamos de agradecer às autoridades académicas e ao pessoal docente da Universidade de Gbadolite (UNIGBA) pelo saber-fazer e pela experiência que nos proporcionaram.

A nossa gratidão ao Professor Dr. ***Jean Paul NGBOLUA KOTO-TE-NYIWA*** pela direção deste trabalho;

Nunca esqueceremos o Assistente ***Rufin DJOLU*** pelos seus comentários e orientações pertinentes.

Os nossos mais sinceros agradecimentos vão também para todos os órgãos académicos, científicos e administrativos da nossa Faculdade e, em particular, os do Departamento de Ciências do Ambiente, nomeadamente o Professor Jeff ITEKU BEKOMO, Alain KAMIKA, GONZATO BINA. Os supervisores NZANGBA-DU-LUTA, Maurice NGEMALE, John LIKOLO BAYA, os assistentes Amédée GBATEYA, Michau KAMIENGE, Armand ENDOWA, Honoré YABUDA e Sammy NGUNDE. Nunca hesitámos em recorrer a um ou outro para qualquer problema, por mais pequeno que fosse. Os seus conselhos e respostas trouxeram-nos sempre alívio e conforto. Gostaríamos de lhes expressar a nossa mais profunda gratidão.

Aos nossos pais ***Gaspard EKULU LILONGO*** e ***José BOKUMBE BAYOLO*** pelo que sempre foram para nós;

Os nossos agradecimentos vão também para o Pastor ***Fils BOKESE ENGO*** da igreja de **La Borne Gbadolite**, pela sua orientação espiritual e pelos seus conselhos. Longe ou perto, estaremos sempre juntos.

Aos nossos irmãos, irmãs e sobrinhas: Ange Fidel ENGUNGA, IYENDE LOMBOTO, Dady BAYOLO, Alfred BAYOLO, Nathan BAYOLO, Dido LIKOMBO, Techa EWUZU, Tonton EWUZU, Dieu Merci BASELE, Nicolas MATANGO, Dieu Merci SAMBA, Sandra BAYOLO, Claudine BOLUMBU, Landrine EKILINGA, ELODI, Sarah IKOMBA, Jemima LIANYA , Nadine IMPAMA, Adel YAGANZA, Bienvenu OMOLITE e Sita MATEMBE Pelo seu amor fraterno.

Ao Docteur. Jaques, Joël LUEMBA, Jérémie BONTAMBA, Dr. Héritier MBETE, Rigoberd BOLAMPANZA, Alois LIKONGO, Nono NSUMBU, Tathy BIKAMBA, IYOKA TOZIRO, Calvin KOYEMBA, Gérard BASENGE, Elie BAMONGA, Patrick ELOBO, Frédérique MPIA, Jean AKONA pelo vosso inestimável apoio;

Aos nossos valentes camaradas de armas: Faustin MOTENDO, Giscard YANGU, Chadrack BAKWA, Arsène BOONGA, Patrick ILANGA, Olivier MAKILI, Olive LOMO, José IFAMBE, Roger BONZE, BOPALO ELEZA, Cédric TUBU, Sandra BOKOTSHI, Déborah MITONGO, Jupsie BOLUNGA, pela sua amizade.

Gostaríamos de expressar a nossa sincera gratidão a todos aqueles que não foram mencionados pelo nome, mas cujo apoio moral e presença ao nosso lado contribuíram grandemente para a conclusão deste trabalho.

"Chrispin YEKIA BAYOLO

0. INRODUÇÃO

0.1. Questões

As questões da biodiversidade nunca estiveram tão em foco. É neste contexto que as invasões biológicas estão a ocorrer. Muitas pessoas, ligadas ou não ao ambiente, acreditam que estes fenómenos só podem enriquecer a biodiversidade através da chegada de novas espécies e, consequentemente, aumentar a riqueza de espécies. Infelizmente, numerosos estudos científicos sobre espécies exóticas demonstraram que algumas delas são invasivas (causam danos ao ambiente). A chegada de uma nova espécie a um ecossistema conduz inevitavelmente a interacções com o ambiente recém-colonizado e, por conseguinte, com as outras espécies presentes. É apenas a complexidade e a multiplicidade de funções de um ecossistema que definem a sua riqueza e, por conseguinte, a sua biodiversidade. (Aulagnier, 2008; Babski, 2009; Baker, 2008; Barbault, 2010).

Duas das principais tarefas do serviço nacional de conservação de espécies são o conhecimento e a proteção das espécies exóticas em habitats naturais e semi-naturais. Para esse efeito, as espécies exóticas são avaliadas e estudadas através do acompanhamento da sua proteção, distribuição e comportamento no Jardim, a fim de identificar as espécies problemáticas em termos de património natural, de conservação das espécies e que exigem medidas de controlo (Aboucaya, 1999).

Uma das principais dificuldades actuais é a falta de conhecimento sobre os benefícios e o impacto real das plantas exóticas na biodiversidade da R.D. Congo, especialmente no Jardim Botânico e Zoológico de Gbadolite. Deveriam ser recomendados estudos neste sentido. O Jardim Botânico e Zoológico de Gbadolite foi criado há mais de 45 anos. No entanto, entre 1985 e 1990, o Jardim era conhecido como "Espaço Verde e Jardim Zoológico de Ubangi".

Em 1997, o jardim foi destruído na sequência da rebelião e abandonado até 2005.

Em 2008, o Jardin botanique et zoologique de Gbadolite foi integrado no Institut des Jardins zoologiques et botaniques du Congo pela portaria ministerial n.º 017/CAB/MIN/ECNT/2008 de 17 de julho de 2008.

Este estudo foi iniciado com o objetivo de inventariar as espécies animais e vegetais conservadas ex situ no Jardim, a fim de fazer o ponto da situação e propor novas perspectivas para a gestão sustentável da biodiversidade excecional deste património.

0.2. Escolha e interesse do sujeito

Este trabalho tem um interesse triplo:

- **No plano ambiental:** os dados desta investigação servirão de instrumento eficaz para o projeto de reabilitação do Jardim Botânico e Zoológico de Gbado-Lite no seu papel de conservação da biodiversidade e de enquadramento ecológico dos recursos naturais. De facto, este jardim permitirá ainda à população conhecer ex-situ espécies animais e vegetais exóticas, uma cultura profunda e muito importante.
- **De um ponto de vista económico:** este trabalho contribui para a avaliação das espécies exóticas no Jardim Botânico e Zoológico de Gbado-lite. Este último contribui de forma importante para a economia da cidade de Gbado-lite, considerando os animais e as plantas como uma fonte de financiamento. De facto, os investigadores compram-nos pelo simples facto de os observarem, que é o que constitui o turismo.
- **Científico:** Os dados deste estudo ajudarão os cientistas e o público em geral a gerir de forma sustentável as espécies exóticas nas áreas protegidas e nos jardins botânicos e zoológicos, e servirão de

documento de referência para os agentes que trabalham neste domínio em particular.

0.3. Divisão do trabalho

Para além da introdução e da conclusão, este trabalho é composto por três capítulos:

- O primeiro trata de informações gerais sobre as zonas protegidas;
- O segundo diz respeito ao ambiente, materiais e métodos;
- A última secção trata dos resultados e da discussão.

CAPÍTULO I. GERAL

I.1. ZONAS PROTEGIDAS

I. 1. 1 Definição

Uma zona protegida é uma área geográfica claramente definida, delimitada, regulamentada, reconhecida, dedicada e gerida por qualquer meio eficaz, com o objetivo de assegurar a conservação a longo prazo da natureza e dos serviços ecossistémicos e valores culturais que lhe estão associados (Ferrez, 2006).

Área protegida é um termo utilizado para designar territórios de dimensão variável que beneficiam de um estatuto de conservação. Por ordem decrescente de importância das medidas de proteção, existem seis categorias de áreas protegidas: reservas naturais estritas, parques e monumentos nacionais, reservas para fins especiais, áreas de paisagem protegida e áreas de gestão de recursos. Estas categorias da UICN são completadas por dois tipos de áreas protegidas criadas pela UNESCO: as reservas da biosfera e os sítios do património mundial (Ramade, 2008).

O sucesso das áreas protegidas como instrumento de conservação baseia-se na ideia de que são geridas para proteger os valores que contêm. Para ser eficaz, a gestão deve ser adaptada às exigências específicas dos sítios, dado que cada zona protegida tem uma variedade de características biológicas e sociais, pressões e utilizações que lhe são próprias. Conseguir uma gestão eficaz não é uma tarefa fácil - requer a adoção de objectivos de gestão e sistemas de governação adequados, financiamento adequado e suficiente e a utilização atempada de estratégias e processos de gestão específicos do sítio (Musibono, 2012).

De acordo com a Lei n.º 14/003, de 11 de fevereiro de 2014, relativa à gestão da conservação dos recursos naturais na República Democrática do Congo, uma zona protegida é definida como um espaço geográfico claramente delimitado, reconhecido, consagrado e gerido por todos os meios eficazes, legais ou não, a fim de assegurar a conservação a longo prazo da natureza, bem como dos serviços ecossistémicos e dos valores culturais que lhe estão associados (Musibono 2013).

I.1.2. Tipos de áreas protegidas na RDC

I.1.2.1 Reservas

Em função do grau de intervenção humana e de acessibilidade para os visitantes, existem 4 tipos de reservas naturais (Holway, 2007):

- **Reservas florestais:** são florestas ou partes de florestas classificadas de acordo com a legislação em vigor, com o objetivo de salvaguardar as características ou as características notáveis dos povoamentos de espécies autóctones e de assegurar a integridade do solo e do ambiente (Monolou, 2001).
- **Reserva natural estrita ou reserva científica**: trata-se de uma categoria de área protegida destinada a proteger a diversidade biológica e, eventualmente, também as características geológicas e/ou geomorfológicas, onde as visitas, a utilização e o impacto humano são estritamente controlados e limitados para garantir a proteção dos valores de conservação. O acesso é limitado aos funcionários públicos e aos cientistas qualificados. Esta reserva oferece uma série de vantagens, uma vez que a ausência de intervenção humana deixa os ecossistemas livres para evoluírem numa direção positiva. Os charcos são reconstituídos e preenchidos por prados, que fornecem alimentos à população bentónica (GIRAUD, 2001).
- **Reserva natural dirigida**: trata-se de uma área protegida criada com o objetivo de acompanhar e orientar cientificamente a evolução da natureza. Em princípio, o acesso é limitado a determinadas pessoas responsáveis pelo controlo científico ou administrativo. A gestão das

reservas naturais controladas implica normalmente uma intervenção científica para favorecer a manutenção de biocenoses semi-naturais e o acompanhamento de certas espécies que podem ser ameaçadas por espécies concorrentes (Ruys, 2009).

- **Reserva natural estrita**: trata-se de uma zona cujo objetivo principal é a preservação da natureza:

Proteger a natureza;

Proporcionar uma descida aos visitantes capazes de tolerar o conforto de visitar uma zona mantida estritamente no seu estado selvagem. É por isso que esta zona não dispõe de nenhum meio de transporte, de nenhum parque de campismo, de nenhuma urbanização, de nenhum transporte autorizado e de um percurso mantido regularmente. Assim, tudo deve permanecer no seu estado primitivo e a livre existência das espécies vegetais e animais autóctones é plenamente garantida (Parap, 2013).

I.1.2.2. Parques

É um território mantido num estado natural ou semi-natural, para fins de conservação ou relativos. (Sri Paul, 1965).

Trata-se de uma reserva de terra, na maioria das vezes, mas nem sempre, declarada e determinada por um governo, afastada da maior parte do desenvolvimento humano e nacional, e é uma área protegida de categoria II da UICCN (Ulyssess, 1872).

I.1.2.3. Os jardins

Os Jardins das estratégias de proteção *ex-situ* e *in-situ*, em que o homem constitui uma espécie de Arca de Noé dos tempos modernos que só pode acolher uma pequena parte da biodiversidade (Anónimo, 2008).

ème A prática de criar jardins para aclimatar espécies vegetais e animais começou na Europa já no século XVIII.

Desde o início deste século, tem desempenhado um papel importante na preservação de espécies vegetais ameaçadas de extinção nos seus ecossistemas de origem. Um jardim botânico é um espaço criado por uma instituição ou associação pública com o objetivo de reunir colecções documentadas de plantas vivas para fins de conservação, investigação científica, exposição, turismo ou ensino (Giraud, 2001).

O jardim zoológico ou *zoologicalgarden* ou simplesmente Zoo é um espaço onde são mantidos e criados em cativeiro animais de espécies selvagens ou de espécies domésticas exóticas para fins de conservação, investigação científica, exposição, turismo ou ensino. (Mandjo 2014).

CAPÍTULO II. AMBIENTE, MATERIAIS E MÉTODOS

II. 1 Ambiente de estudo s

Os dados relativos a esta espécie foram recolhidos no Jardin botanique et zoologique de Gbadolite, na província de Ubangi do Norte, a três quilómetros da cidade de Gbadolite, e autenticados pelo assistente Honoré YABUDA, investigador da Faculdade de Ciências Agronómicas da Universidade de Gbadolite.

- **COORDENADAS GPS**

O Jardin Botanique et Zoologique de Gbadolite (JBZG) cobre 300 hectares e está situado a uma altitude de cerca de 405 m acima do nível do mar. Está situado a 4°14' de latitude norte e 21°4' de longitude leste, a 3 km do centro da cidade de Gbadolite, na Nova Província de Ubangi do Norte.

II. 2. Localização geográfica

II.2.1 Cidade de Gbadolite

A cidade de Gbadolite é a capital da Nova Província de Ubangi do Norte. Situa-se a 21° 1' de longitude leste e 4° 17' de latitude norte.

II.2.2. Jardim botânico e zoológico de Gbadolite

➢ **Delimitação**

Os limites são definidos :

- **A norte**: a antiga residência presidencial oficial, separada do JBZG pelo coqueiral;
- **A noroeste**: o leito do rio Wakamba na junção com o rio BOYI;
- **A nordeste**: o cemitério público e o palmeiral do CDAI;
- **A sudeste:** o palmeiral do CDAI sprl e os tanques de peixes do JBZG;

- **Sudoeste**: O leito do rio Wakamba e a estrada de MANGUNDU.

➢ OCUPAÇÃO GERAL DO SOLO

A concessão tem uma superfície de 300 hectares, subdividida em 6 blocos ao longo de 4 eixos principais e investida respetivamente com as seguintes colecções emblemáticas:

. Bloco A : 20 Hectares

- Rio WAKAMBA
- Leceuna
- Begónias
- Viveiro
- Arboreto jovem
- Cacau
- Helicónia
- Armazém e hangar de repouso
- Saudação à bandeira

. Bloco B : 15 Hectares

- Muro de visibilidade
- Madeira preta (Eben)
- Papayeraie
- Hura crepitans
- Árvore do diabo
- Plantação de bananas
- Palmeira
- Bambu amarelo
- Parque de animais
- Peixes

. **Bloco C: 15 hectares**

- Edifício da administração
- Pomar jovem
- Bergerie
- Campos

. **Bloco D2: 150 hectares**

- Mangueiras
- Seguro
- Campos

. **Bloco D1: 40 hectares**

- Parque ornamental
- Mangueiras
- Campos

- **Bloco E: 60 hectares**
  - Plantação de cocos
  - Fundações em alvenaria para os biótopos destruídos do antigo ZOO
  - Fundações de alvenaria para casas de habitação destruídas
  - Campos: antigos pomares de troncos, café e abacate

- **Colecções botânicas vivas**

Os produtos florestais madeireiros e não madeireiros (PFNM) identificados e recolhidos estão classificados da seguinte forma: **78 ordens, 93 famílias, 309 espécies e 3476 espécimes**.

As colecções botânicas caracterizam-se por :

- A predominância de plantas ornamentais endémicas e exóticas,
- 64% de colecções de plantas medicinais,
- Plantações de mangueiras, coqueiros e coqueiros,
- *Cyperus papyrus* introduzida em 1980,
- Frutificação da *Couroupita guinensis,* conhecida como árvore do diabo e hospedeira preferencial de lagartas comestíveis,
- Jovem arboreto de espécies de madeira,
- Jovem pomar Safoutier em desenvolvimento

II.3 Equipamento

O equipamento utilizado na nossa investigação foi o seguinte:

- ❖ Bloco de notas e caneta,
- ❖ Computador portátil,
- ❖ Câmara digital.
- ❖ GPS.

II.4 Metodologias

Este projeto envolveu um inventário sistemático da biodiversidade conservada ex-situ no jardim botânico e zoológico de Gbadolite.

CAPÍTULO III. RESULTADOS E DISCUSSÃO.

II.1 Taxa de plantas do Jardin botanique et zoologique de Gbadolite

A figura 1 mostra o número de espécies hortícolas no Jardin Botanique et Zoologique de Gbadolite antes e depois da guerra.

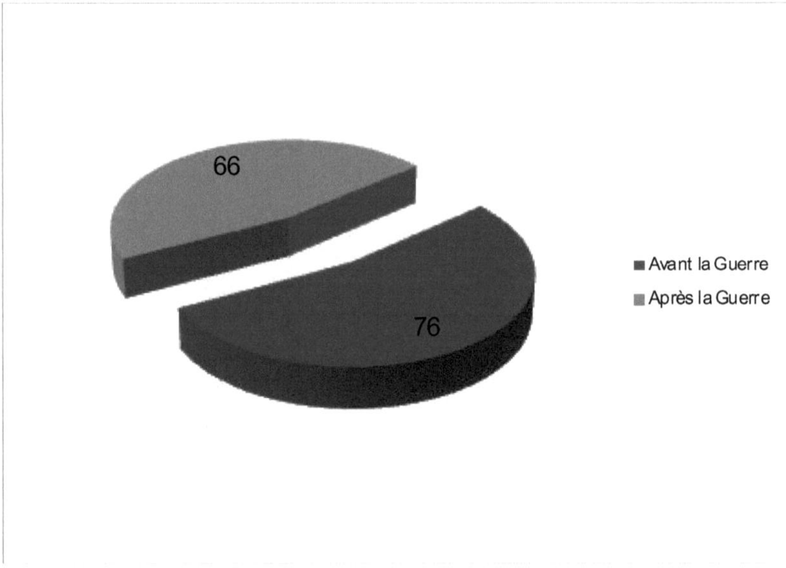

Figura 1: Número de espécies hortícolas antes e depois da guerra

Este número mostra que o Jardin Botanique Zoologique de Gbadolite albergava 76 espécies hortícolas antes da guerra. Destas, o Jardim possui atualmente apenas 66 espécies, o que significa que 10, ou seja, 13,15%, desapareceram.

A Figura 2 mostra imagens de algumas das espécies hortícolas encontradas na ZCJ de Gbadolite.

Figura 2 *(a) Alternathera correae*

(a)

A figura 2b mostra imagens do viveiro de *Aloe vera* no Jardin Botanique et Zoologique de Gbadolite.

(b) Viveiro de Aloé vera

(c) Viveiro de Anthurium correae

A figura 3 mostra as espécies florestais exóticas no Jardin Botanique et Zoologique de Gbadolite antes e depois da guerra.

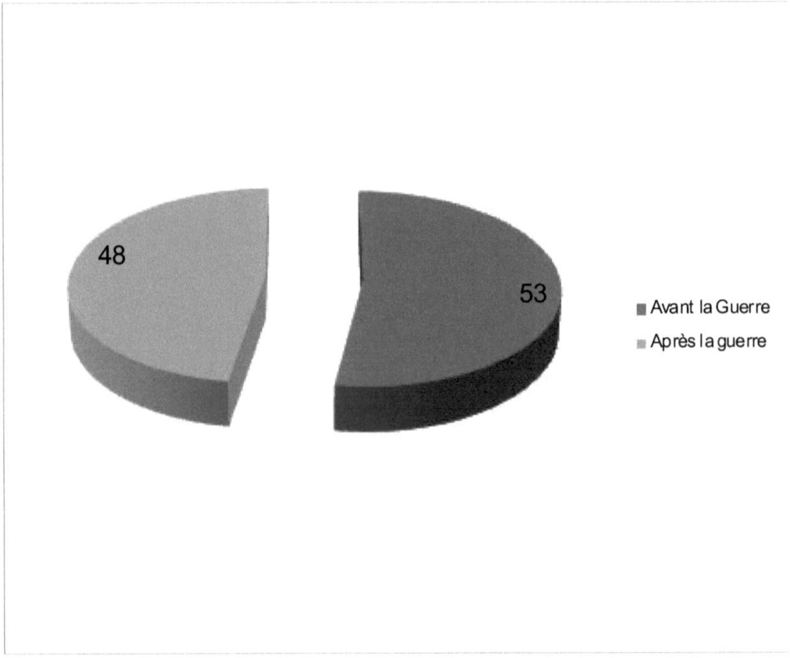

Figura 3 Número de espécies florestais antes e depois da guerra.

Este número mostra que o Jardim tinha 53 espécies. No entanto, após a guerra, restam apenas 48 espécies, uma perda de 5 espécies florestais que representa 9,43%. Estas espécies são : *Chrysophylium africana, Entandrophragma angolense, Entandrophragma cylindricum, Funtumia africana, Funtumia elastic.*

A figura 4 mostra imagens de duas espécies-chave

Figura 4 (a) Albizia ferragena

Figura 4 (b)Couroupita guianensis

O quadro 1 enumera as plantas florestais.

N°	**Espécies vegetais**	Nome comum	**Número de espécies existentes**

			Antes da guerra	Depois da guerra
1.	*Albizia ferragena*		+	+
2.	*Albizia lebbec*		+	+
3.	*Annona reticulata*		+	+
4.	*Anonidium mannii*	*Endenge*	+	+
5.	*Boerovia diffusa*		+	+
6.	*Bactéria ecydiya*		+	+
7.	*Bombax buonopozense*	*Kapokier*	+	+
8.	*Cassuessus angolensis*		+	+
9.	*Ceiba pentandra*	*Fuma*	+	+
10.	*Chrysophyllum africana*	*Longii branco*	+	-
11.	*Coffea canephora*	*Bohaka*	+	+
12.	*Cola acuminada*	*nkuzu*	+	+
13.	*Cola nitida*	*Colani*	+	+
14.	*Couroupita guianensis*		+	+
15.	*Dacryod esedulis*	*Bosau*	+	+
16.	*Erypheleum guianensis*		+	+
17.	*Dacryodes pubescens*	*Bosaw*	+	-
18.	*Entandrophragma angolense*	*Tiama*	+	-
19.	*Entandrophragma candollei*	*Ngola*	+	+
20.	*Entandrophragma cylindricum*	*Lifakepembe*	+	-
21.	*Entandrophragma útil*	*Kote*	+	+

22.	*Heveabras iliensis*	*Hevea*	+	+
23.	*Hylodendronga bunensis*	*Pangu*	+	+
24.	*Irvingia gabanensis*	*Bofalanga*	+	+
25.	*Eucalipto agave*		+	+
26.	*Euphorbia huirti*		+	+
27.	*Ficus elastica*	*Lowa*	+	+
28.	*Funtumia africana*	*Mutondo*	+	-
29.	*Funtumia elastica*	*Wembe-bo-kikeleke*	+	-
30.	*Garcinia punctata*	*Bosefe*	+	+
31.	*Ixora ordorata*	*Angwondia*	+	+
32.	*Khaya grandifolia*	*Mogno africano*	+	+
33.	*Makaranga laurentii*	*Lokoke*	+	+
34.	*Milícia exelsa*	*Kambala*	+	+
35.	*Millettia laurenti*	*Wengué*	+	+
36.	*Paciflora angolensis*		+	+
37.	*Parkia bicolor*	*Kungulongo*	+	+
38.	*Pentacletra macrophilla*		+	+
39.	*Pterocarpus soyauxil*	*Bosulu*	+	+
40.	*Philodendro déwevrei*		+	+
41.	*Pycnantus angolensis*	*Ilomba*	+	+
42.	*Pycranthus angolensis*		+	+
43.	*Jatropha congolensis*		+	+
44.	*Rowolfia vomitoria*		+	+

45.	*Ricinodendron hendelotii*	*Bofeko*	+	+
46.	*Ricinodendron communis*		+	+
47.	*Schrebera gabonensis*	*Kiala*	+	+
48.	*Tectonia grandis*		+	+
49.	*Terminaliasuperba*		+	+
50.	*Vernonia brazzavillensis*		+	+
51.	*Uapaca guianensis*	*Rikio*	+	+
52.	*Zanthroxylum gilletil*	*Olonvogo*	+	+
53.	*Zanthroxyluml aurentii*	*Pangi*	+	
	TOTAL		53	48

O quadro acima mostra que das 53 espécies florestais conservadas na ZCJ em Gbadolite, 48 ainda estão vivas e 5 desapareceram.

O quadro 2 enumera as espécies frutícolas conservadas na ZCJ em Gbadolite.

N°	Espécies vegetais	Nome comum
1.	*Anoniduim mannii*	
2.	*Annona mystica*	
3.	*Artocarpus integrifolio*	
4.	*Artocarpus integrifolio*	Canistel
5.	*Carica papaya*	Papaia
6.	*Citrinos limões*	
7.	*Cocos nucifera*	
8.	*Angomas de flacutiyaj*	Compota
9.	*Dacryo e edilis*	Safutier
10.	*Elaeis guineensis*	
11.	*Presunto de Eugénia*	
12.	*Flacourtia jangomos*	
13.	*ZingebeR oficinal*	
14.	*Mangifera indica*	Mangueira
15.	*Roystonéa regia*	
16.	*Persea americana*	Abacateiro
17.	*Psidium guajava*	Goiaba
18.	*Teobroma cacao*	Cacau
TOTAL		18

É de salientar que, até à data, apenas foram conservadas espécies frutícolas no Jardin Botanique Zoologique de Gbadolite.

A figura 5 mostra as espécies de frutos.

Figura 5 (a)*Mangifera indica*

(b) *Dacryodes edulis*

II.2 Taxa animal

II.2.1. Mamíferos com casco

Antes da guerra, dois mamíferos com casco foram conservados ex-situ na ZCJ EE Gbadolite. Tratava-se do *Elephas maximu (*Mastrondadronte) e do *Elephas maximus sumatranus (*elefante de 6 chifres de Manaute).

Figura 6 (a) *Elephas maximus* (b) *Elephamaximus sumatranus*

Estes animais já não existem no Jardin Botanique et Zoologique de Gbadolite. Imagem (Géorge Cuvier 1998).

III.2.2 Mamíferos carnívoros

O quadro 3 apresenta uma lista dos mamíferos carnívoros mantidos no Gbadolite e antes e depois da guerra.

N°	Espécies animais	Nome comum
01	*Canis aurens* (Fréderic knutter 1940)	Chacal
02	*Dologale dybowskii*(Sri Paul Edward 1950)	Mangusto de Dybowski
03	*Herpetes ichneuon (Cuvier 1798)*	Mangusto do Egipto
04	*Hrpeste urva (*Cuvier 1798)	Mangusto caranguejo

05	*Ursus actos* (Ulysses, 1872).	O urso castanho
06	*Vulpes vulpes (*Maupass, 1988)	Raposa
07	*Taurotragus oryx (*Saut, 1885)	Cabo Eland
08	*Acrocodia indica* (Tales, 1911)	Anta ruiva
10	*Giraffa camelopardalis (*Atrementowiecz, *2010)*	Girafa
11	*Ammostragus levia(*Saut, 1885)	Luvas
12	*Sapajou robusto* (Frédericknutter, 1940)	Macaco do Alasca
13	*Callicebu sornatus*	Macaco Brazza
	TOTAL	13

Este quadro mostra que 13 espécies de mamíferos carnívoros se encontravam no Jardin Botanique et Zoologique de Gbadolite antes da guerra, 11 desapareceram e apenas duas espécies permanecem atualmente.

Entre estes contam-se o *Callicebus ornatus e o Sapajou robuste.*

A figura 7 mostra as espécies de mamíferos carnívoros.

Figura 7 (a) Callicebus ornatus

(a)

Figura 7 (b) Sapajou robusto

(a)

Figura 4: Espécies de mamíferos ungulados conservadas no Jardin Botanique et Zoologique de Gbadolite antes e depois da guerra.

N°	Espécies animais	Nome comum
01	*Esquilo comum (Barbault 2006)*	Esquilo de 4 bandas 20 cm
	TOTAL	1

A figura 8 mostra as espécies de mamíferos ungulados

Figura 8 *Esquilo comum*

Antes da guerra, uma espécie de mamífero ungulado era mantida ex-situ no JBZ Gbadolite. Entre eles, o *esquilo Commus*, que desapareceu após a guerra.

Quadro 5: Lista dos répteis mantidos no Jardin Botanique et Zoologique de Gbadolite antes e depois da guerra.

N°	Espécies animais	Nome comum
01	*Crocodilus nilaticuslaurenti*) (Chaldea, 1964)	Mês do crocodilo
	TOTAL	1

Este quadro mostra que, antes da guerra, as espécies de répteis comuns existiam no Jardin Botanique et Zoologique de Gbadolite e continuam vivas.

A figura 9 mostra as espécies de répteis comuns

Figura 9 Crocodilus laticuslaurenti

Quadro 6: Lista dos répteis e anfíbios conservados no Jardin Botanique et Zoologique de Gbadolite antes e depois da guerra.

N°	Espécies animais	Nome comum
01	*Chelodina longicollis*	Tartaruga de caixa oriental
02	*Boa constrictor*	Boa constrictor
03	*Crotalus scutulatus*	Cascavel
04	*Chrysopelea indonésia*	Cobra voadora
	TOTAL	04

O quadro mostra que o Jardin Botanique et Zoologique de Gbadolite tinha 4 espécies de répteis anfíbios, nenhuma das quais ainda existe. Todas elas desapareceram durante a guerra.

Quadro 7: Lista das espécies animais ameaçadas de extinção na ZCJ de Gbadolite antes e depois da guerra.

N°	Espécies animais	Nome comum
01	*Chelonia mydas*	Tartaruga verde
02	*Varanus komodaensis*	O maior lagarto
03	*Loris tardigradus*	Salve porca
	TOTAL	

Este quadro mostra que 3 espécies de animais em vias de extinção se encontravam no Jardin Botanique et Zoologique de Gbadolite antes da guerra, mas todas desapareceram depois da guerra.

Quadro 8: Lista das espécies de aves de capoeira no Jardin Botanique et Zoologique de Gbadolite antes e depois da guerra.

N°	Espécies animais	Nome comum
01	*Anser anser*	Ganso cáqui
02	*Anser fabalis*	Ganso do Egipto
03	*Cuculus canorus*	Cuco de Antuérpia preto
04	*Cuculus linnaeus*	Cuco de Antuérpia mil
05	*Anser indicus*	Ganso-de-cabeça-branca

06	*Anos platyntynchos*	Pato à Pequim
07	*Necrosyrtes monochus*	Abutre de Angola
08	*Musophagiformes*	Touraco
10	*Passer domesticus*	Moapa
	TOTAL	10

Este quadro mostra que, antes da guerra, existiam no Jardin Botanique et Zoologique de Gbadolite 10 espécies de aves, das quais nenhuma existe atualmente. Todas elas desapareceram após a guerra.

III.3. Perspectivas

O Jardim Botânico Zoológico de Gbadolite pratica a conservação ex-situ numa concessão de 300 hectares, relativamente visível graças às actividades quotidianas que atraem progressivamente visitantes, em média quatro pessoas por mês, principalmente estudantes de todos os níveis do ensino primário, secundário e superior. Os constrangimentos de gestão são consideráveis e requerem o apoio de parceiros técnicos e financeiros nas actividades de :

- Viveiro de propagação botânica,
- Plantação e manutenção de colecções botânicas,
- Cuidar dos animais em semi-liberdade,
- Criação de espécies exóticas e selvagens domésticas,
- Produção de energia renovável,
- Construção de infra-estruturas de conservação, de acolhimento e de segurança,

- Fornecimento de materiais, equipamentos e produtos diversos.

Resumidamente, o Jardim Botânico e o Jardim Zoológico estão sujeitos a uma série de constrangimentos, que foram resolvidos através de projectos com diferentes prazos e impactos rápidos, desde o curto ao longo prazo.

CONCLUSÃO E SUGESTÕES

Este livro analisa a biodiversidade do Jardin botanique et zoologique de Gbadolite antes e depois da guerra, a situação atual e as perspectivas de uma possível reabilitação.

No final deste estudo, demonstrámos que :

- Antes da guerra, o jardim botânico e zoológico de Gbadolite possuía 3 tipos de espécies de plantas exóticas (hortícolas, florestais e frutíferas), agrupadas em 147 espécies. Atualmente, estão presentes 132 espécies. Assim, 15 espécies desapareceram devido à guerra. Para além das espécies ornamentais, todas as espécies frutícolas e florestais estão em estado de envelhecimento.
- Quanto às espécies animais exóticas, o jardim botânico e zoológico tinha 7 tipos de espécies (mamíferos com casco, mamíferos carnívoros, mamíferos ungulados, répteis, répteis anfíbios, espécies em vias de extinção e aves de capoeira) antes da guerra, agrupadas em 34 espécies, e atualmente estão presentes 3 espécies. Portanto, 31 espécies desapareceram devido à guerra.

No seu conjunto, estes resultados fornecem provas científicas que apoiam a defesa da proteção das espécies exóticas nos jardins botânicos e zoológicos da República Democrática do Congo.

Seria, pois, aconselhável sensibilizar o público para a gestão do Jardim Botânico e Zoológico e para a proteção da biodiversidade.

BIBIOGRAFIA

1. Aboucaya, A, 1999Bilan d'une enquête national destinée à identifier les xénophytes invasif sur le territoire métropolitain Français.
2. Ferrez Y, 2006. Definição de uma estratégia de luta contra as espécies invasoras em Franche-Comité, proposta de uma lista hierárquica.
3. D.E. Musibono, 2012. Políticas tóxicas e poluição do ambiente global: um suicídio coletivo. Ed. ERGS-Kinshasa.
4. E. Musibono,
5. 2013 du marasme d'Etat squelette aux défis de développement durable-Gestion de l'Environnement au Congo-Kinshasa : Cueillette chronique et pauvreté durable. Cátedra UNESCO, Kinshasa.
6. B. Mandjo, 2014. Introdução às ciências do ambiente na R.D. Congo.
7. Barbault 2016; Atrementowicz 2010. Invasões biológicas, uma questão de natureza e sociedade.
8. Giraud, 2001. O crime contra a natureza. Paris, Ed. L'HARMATTAN.
9. Monolou J.C. 2001 Diversidade. Dinâmica biológica e conservação.
10. Dicionário enciclopédico das ciências da Natureza e da Biodiversidade (Ramade, 2008),
11. PARAP; 2013; Programme d'Appui au Réseau des Aires Protégées, ICCN, RDC.
12. Baker R.H.A.,& al., 2008. The UK risk assessment scheme for all non-native species. Em Rabitsch W., Essl F. &Klingenstein F. (Eds): Biological Invasions - from Ecology to Conservation (Invasões Biológicas - da Ecologia à Conservação). NEOBIOTA, 7 : 46-57.
13. Barbault R., 2016. Les invasions biologiques, une question de natures et de sociétés. Editions Quae. 180p.

14. Ruys, 2009. História e características ecológicas da invasão das Ardenas francesas por três roedores aquáticos: o rato almiscarado (Ondatrazibethicus), o coipu (Myocastor coypus) e o castor europeu (Castor fiber). Tese defendida em 18 de dezembro de 2009. Universidade de Reims Champagne-Ardenne. Grupo de Estudos sobre os Géneros Materiais e Ambientes Naturais/Centro de Investigação e Formação em Eco-etologia (CERFE).
15. Sri Paul, &Ovenden D., 1950. Le guide herpéto - 199 amphibiens et reptiles d'Europe. Delachaux et Niestlé, Paris, 288 pp.
16. Géorge Cuvier, Mandon-Dalger I., et al, 1798. Protocolos de hiérarchisations biologiques invasives en vue de leur gestion.
17. Frédérique Saint Andrieux C., Pfaff E., Guibert B., 1940. Le daim et le cerf sika en France: nouvel inventaire. Faune et Flore Sauvage ONCFS n°285. p. 10 a 15.
18. Mauposs1988; Conhecimento e saber-fazer Mbun na conservação sustentável dos ecossistemas biológicos.
19. Saut, Lévêque C., 1985. Introdução de espécies em meios aquáticos. Devemos ter medo das invasões biológicas? Edições Quae. 232 p.
20. Chaldée, JL., Marmet J., 1964. Esquilos da Europa Ocidental: fichas descritivas. 11p.
21. Atremento wiecz, Dutartre A., 2010. Gerir as invasões biológicas. Curso de formação ONEMA sobre espécies exóticas invasoras em ambientes aquáticos, 12-16 de abril de 2010, Paraclet.
22. Conte, E Elton CS., 1911. The ecology of invasions by animals and plants, Chapmann and Hall, Londres.
23. Ulisses, 1872. É necessária muita informação sobre a biologia populacional para as espécies introduzidas na fauna? Biologia da conservação 17: 83-92.

24. Giraud, 2001, Le Crime contre la nature. Paris, Ed. L'HARMATTAN.
25. Maupass, 1988; O conhecimento e o saber-fazer Mbun na conservação sustentável dos ecossistemas biológicos.
26. Géorge Cuvier et al, 1998. Protocolos de hiérarchisations biologiques en vue de leur gestion.

ÍNDICE DE CONTEÚDOS

More Books!

yes

I want morebooks!

Buy your books fast and straightforward online - at one of world's fastest growing online book stores! Environmentally sound due to Print-on-Demand technologies.

Buy your books online at
www.morebooks.shop

Compre os seus livros mais rápido e diretamente na internet, em uma das livrarias on-line com o maior crescimento no mundo! Produção que protege o meio ambiente através das tecnologias de impressão sob demanda.

Compre os seus livros on-line em
www.morebooks.shop

info@omniscriptum.com
www.omniscriptum.com

OMNIScriptum

MIX
Papier aus verantwortungsvollen Quellen
Paper from responsible sources
FSC® C105338

Printed by Books on Demand GmbH, Norderstedt / Germany